农村交通安全知识系列手册

安全骑行篇

公安部交通管理局
农业农村部农村社会事业促进司 指导

公安部道路交通安全研究中心 编写

人民交通出版社股份有限公司

北京

内 容 提 要

本书主要从交通违法警示和安全文明骑行提示两个方面，结合农村地区交叉路口多、弯坡路段多等特点，通过事故案例的形式对17个典型交通安全知识点进行介绍。

本书适合农村地区各类骑行人阅读，也可供从事交通安全宣传工作的人员和感兴趣的读者参考。

图书在版编目（CIP）数据

农村交通安全知识系列手册. 安全骑行篇 / 公安部道路交通安全研究中心编写. —北京: 人民交通出版社股份有限公司, 2023.5

ISBN 978-7-114-18800-8

Ⅰ. ①农… Ⅱ. ①公… Ⅲ. ①农村道路—交通运输安全—中国—手册 Ⅳ. ①U412.36-62

中国国家版本馆CIP数据核字（2023）第090866号

Nongcun Jiaotong Anquan Zhishi Xilie Shouce——Anquan Qixing Pian

书　　名: 农村交通安全知识系列手册——安全骑行篇
著 作 者: 公安部道路交通安全研究中心
责任编辑: 屈闻聪
责任校对: 孙国靖　卢　弦
责任印制: 张　凯
出版发行: 人民交通出版社股份有限公司
地　　址:（100011）北京市朝阳区安定门外外馆斜街 3 号
网　　址: http://www.ccpcl.com.cn
销售电话:（010）85285857
总 经 销: 人民交通出版社股份有限公司发行部
经　　销: 各地新华书店
印　　刷: 北京建宏印刷有限公司
开　　本: 880 × 1230　1/32
印　　张: 1.625
字　　数: 40千
版　　次: 2023年5月　第1版
印　　次: 2025年4月　第2次印刷
书　　号: ISBN 978-7-114-18800-8
定　　价: 15.00元

序言

党的二十大擘画了以中国式现代化全面推进中华民族伟大复兴的宏伟蓝图。全面建设社会主义现代化国家，最艰巨最繁重的任务仍然在农村。乡村要振兴，安全是根基，要坚持发展绝不能以牺牲安全为代价这条红线。安全是满足人民群众日益增长的美好生活需求的基石，全面推进乡村振兴，必须坚持生命至上、安全第一。

近年来，我国农村交通进入大发展阶段。截至 2023 年底，全国国省道和农村公路已达 530 余万公里。机动车和驾驶人数量也不断攀升，截至 2024 年底，分别达到 4.53 亿辆和 5.42 亿人。与此同时，农村地区交通安全形势依然严峻，农村地区交通事故死亡人数占到全国总量的一半以上。“道路交通安全，农村系于一半”，这是需要全社会高度重视的现实问题。

为进一步贯彻落实党的二十大精神，有效预防和减少农村地区道路交通事故，帮助广大农民朋友切实掌握交通安全法律知识、培养交通安全文明意识、提升出行安全自我防护能力，公安部交通管理局、农业农村部农村社会事业促进司共同指导公安部道路交通安全研究中心组织编写了《农村交通安全知识系列手册》（简称《手册》）。《手册》共分四册，分别围绕安全驾驶、安全骑行、安全乘车、安全步行等主题，结合 127 个典型交通违法和事故案例，分析农村地区常见交通安全风险，给出安全提示和防范建议，其中部分案例配有视频，读者朋友可通过手机扫描二维码观看和转发。

希望这套《手册》能积极引导广大农民朋友文明守法平安出行，用安全守护好来之不易的幸福生活，共享乡村振兴成果，共建美丽和谐家园。

《农村交通安全知识系列手册》编委会

2025 年 4 月

扫码收听本书音频

写给农村地区骑行人的话

因为摩托车、非机动车方便、灵活，农村地区不少人会选择骑车出行，然而，农村道路环境与城市不同，很多农村道路条件较差，骑摩托车、三轮车和非机动车时多与汽车混行，由于这些车辆缺乏对骑乘人员的保护，不少人还不按规定佩戴头盔，一旦发生交通事故，“肉包铁”的骑乘人员往往是受伤害严重的一方。近年来，摩托车已成为农村地区主要事故车辆之一，三轮车和电动自行车事故率也在不断提高，安全风险不容忽视。

《农村交通安全知识系列手册——安全骑行篇》，主要从严重交通违法警示和安全文明骑行提示两个方面，结合农村地区交叉路口多、弯坡路段多等特点，通过事故案例的形式对 17 个典型交通安全知识点予以解读。希望广大农村骑行人通过阅读本手册，深入了解交通违法行为的危害，认真吸取他人的事故教训，严格遵守道路交通安全法律法规，珍惜生命、谨慎骑行。

祝大家出行平安，生活幸福！

目录

无牌无证无保险　“三无”摩托很危险

摩托车属于机动车，骑摩托车上路必须取得相应的摩托车驾驶证，否则，属于无证驾驶，要受到罚款甚至拘留处罚。

案例：老人无证驾驶无号牌摩托车侧翻不幸身亡

2019 年 9 月 25 日，山东省威海市，78 岁的宋某无证驾驶无号牌、未投保的正三轮摩托车赶集卖菜，在骑行过程中突然方向失控，撞上路缘石后侧翻，宋某当场身亡。

扫码观看事故视频

案例：三轮摩托车未投保，发生事故自担赔偿

2021 年 1 月 25 日，贵州省黔东南州麻江县，王某驾驶未投保的正三轮摩托车未按规定让行，与另一辆正三轮载人摩托车相撞，造成乘车人受伤。经认定，王某负事故主要责任，法院判决王某承担伤者 70% 的赔偿责任，共计 19 万元，因王某未给摩托车投保，赔偿金只能由自己承担。

摩托车驾驶证分为三类：

- 三轮摩托车驾驶证（D），可以驾驶所有摩托车；
- 普通二轮摩托车驾驶证（E），可以驾驶普通二轮和轻便摩托车；
- 轻便摩托车驾驶证（F），只能驾驶轻便摩托车。

摩托车驾驶证			
准驾车型	**代号**	**准驾的车辆**	**准予驾驶的其他准驾车型代号**
普通三轮摩托车	D	发动机排量大于50毫升或者最大设计车速大于50千米/时的三轮摩托车	E、F
普通二轮摩托车	E	发动机排量大于50毫升或者最大设计车速大于50千米/时的二轮摩托车	F
轻便摩托车	F	发动机排量小于50毫升，最大设计车速小于或等于50千米/时的摩托车	—

骑行人无驾驶证以及摩托车无牌、无保险都是不具备上路资格的，如果上路不仅会被处罚，一旦发生事故，还需要自己承担赔偿责任。

安全口诀

摩托车须牌证全，无牌无证上路悬。
购买保险有保障，戴好头盔再骑行。

电动摩托是机动车　号牌驾照不能少

不符合电动自行车技术要求的电动二轮车均是电动摩托车，属于机动车，骑电动摩托车上路必须取得相应的牌照和摩托车驾驶证。

案例：未成年骑超标电动车，出事故受伤还赔钱

2021 年 5 月 19 日，江西省上饶市弋阳县，14 岁的学生俞某骑父母提供的超标电动车放学回家时，与骑电动自行车的王某发生碰撞，造成王某左肱骨外踝骨折伴肘关节脱位。

经认定，俞某负事故主要责任，王某负事故次要责任。经法院审理，因俞某为未成年人，由其父母赔偿王某 7.6 万元。

案例：无证驾驶电动轻便摩托车，出事故死亡负同责

2023 年 3 月 20 日，四川省成都市郫都区，周某某驾驶轻型普通货车沿三堰村村道由沙口线方向往三堰村方向行驶至三堰村村道九组 109 号路口时，与通过路口由魏某某驾驶的电动二轮车相撞，造成车辆受损、魏某某受伤后经抢救无效死亡。

经认定，魏某某骑行的电动二轮车属于电动轻便摩托车，魏某某未取得机动车驾驶证，行经路口未让优先通行的车辆先行，事发时未佩戴安全头盔；周某某驾驶轻型普通货车行经路口观察不周、未确保安全通行，二人均承担事故的同等责任。

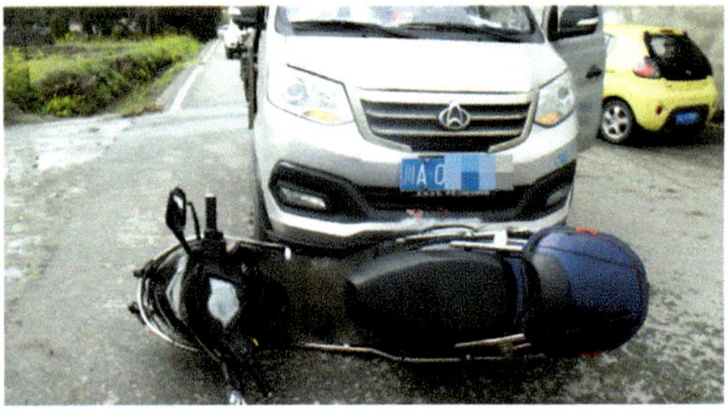

有的电动二轮车外形跟电动自行车相似，但设计车速、整车质量等参数已超过了电动自行车的标准，这类车是电动摩托车或电动轻便摩托车，属于机动车，需要登记上牌，骑行人需取得相应的机动车驾驶证。

电动（轻便）摩托车和电动自行车的区别

项目	电动轻便摩托车 	电动摩托车 	电动自行车 
设计车速	≤50千米/时	＞50千米/时	≤25千米/时
整车质量	≥55千克		＜55千克
车辆类型	机动车		非机动车
驾驶条件	持F证、E证、D证	持E证、D证	年满16周岁
车辆牌照	机动车号牌		非机动车号牌
购买保险	必须购买机动车第三者责任险		根据需要购买
载人规定	不可载人	搭载一名成人	按照地方规定
行驶车道	最右侧机动车道		非机动车道或车行道右侧

◆ 购车时一定要仔细分辨车辆，选择适合自己的车型，保留好车辆凭证，及时办理登记上牌手续。

◆ 驾驶电动（轻便）摩托车一定要取得相应的摩托车驾驶资格，切不可无证驾驶超标电动车。

安全口诀

电动摩托是摩托，上路需要有牌证，
号牌保险不能少，驾驶资格也重要。

饮酒醉酒后骑行　违法肇事需担责

饮酒后人体血液酒精浓度增高，会麻痹中枢神经，出现视力下降、注意力不集中、身体平衡感减弱等情况，易引发交通事故，甚至造成车毁人亡的悲剧。

案例：醉驾闯灯车撞碎，涉嫌危驾被刑拘

2021 年 11 月 10 日，江西省赣州市上犹县，李某酒后骑摩托车闯红灯通过路口，与一辆正常左转的小型客车相撞，李某连人带车被撞出 10 余米，幸运的是因其正确佩戴头盔，未受致命伤。后经抽血检测，李某血液酒精含量达到 99 毫克 /100 毫升，属于醉驾，因涉嫌危险驾驶罪，被依法判处刑罚。

扫码观看事故视频

案例：醉酒骑电动自行车被撞飞，受伤还要担同责

2023 年 6 月 6 日，福建省漳州市东山县，林某骑电动自行车在路口横过道路时，被右方快速驶来的一辆小汽车撞飞，林某在空中旋转了一圈半后摔落在地受伤。经调查，林某血液酒精含量为 135 毫克 /100 毫升，属醉酒骑非机动车，小汽车超速行驶，双方分别承担同等责任。

扫码观看事故视频

摩托车是机动车，饮酒、醉酒后骑摩托车同样是严重的违法行为，其性质与饮酒、醉酒驾驶汽车一样。

◆ 达到饮酒标准的，暂扣 6 个月驾驶证，处 1000 元以上 2000 元以下罚款，驾驶证记 12 分；

◆ 再次饮酒的，处 10 日以下拘留，并处 1000 元以上 2000 元以下罚款，吊销驾驶证；

◆ 达到醉酒标准的，还要追究刑事责任，且 5 年内不得重新取得机动车驾驶证。

此外，醉酒骑电动自行车、自行车属于交通违法行为，应自觉杜绝酒后骑行。

安全口诀

摩托车是机动车，饮酒之后不能骑。
莫把生命当儿戏，违法肇事不值得。

摩托安全防护弱　骑行速度要控制

摩托车高速行驶时，很容易因突发情况而失去平衡后摔倒，给骑乘人员带来危险，同时还会危害公共安全。

案例：骑应报废摩托车快速行驶追尾前车身亡

2022 年 2 月 4 日，江苏省宿迁市，一辆摩托车在机非混行的农村道路快速行驶中追尾一辆小汽车，骑行人因惯性又与对向车辆发生碰撞，当场身亡。经认定，摩托车已达到报废标准，骑行人在行驶中未与前车保持安全距离，不但赔上了自己的性命，还要承担事故主要责任。

扫码观看事故视频

案例：骑摩托车逆行，发生交通事故坠崖身亡

2022 年 8 月 21 日，北京市门头沟区，袁某骑摩托车在双大路上高速穿行，不断“压弯”（即压低身姿高速转弯）。始终跟随在袁某身后的一辆摩托车的视频数据显示，两车的车速多保持在 60~70 千米 / 时之间，个别时刻突破 80 千米 / 时。在以 70 多千米的时速进入弯道时，袁某骑的摩托车突然越过道路中心实线驶入对向车道，与对面驶来的小汽车迎头相撞，袁某腾空而起，坠落路侧悬崖身亡。

骑摩托车要遵守下列限速规定：

◆ 在设有限速标志标线的道路行驶时，应遵守标志标线标明的限速；

◆ 在没有限速标志标线和道路中心线的公路上，最高行驶速度不超过40 千米 / 时，这是农村地区最普遍的道路；

◆ 在同方向只有 1 条机动车道的公路上，最高行驶速度不超过 70 千米 / 时；

◆ 轻便摩托车的最高行驶速度不超过 50 千米 / 时。

安全口诀

十次事故九次快，安全骑行才最帅。
山路过弯要减速，掉沟摔残悔当初。

骑乘规范戴头盔　发生意外减伤害

骑乘摩托车俗称“肉包铁”，机动灵活但稳定性较差，发生事故时骑乘人员头部易受伤，致死率高，正确佩戴安全头盔可以有效降低伤害程度。

案例：摩托车村口撞货车，未戴头盔不幸死亡

2022 年 8 月 15 日，安徽省淮南市寿县，王某骑摩托车行至某村路口时与左侧驶来的货车相撞，因为王某未佩戴安全头盔，头部严重受伤，当场死亡。

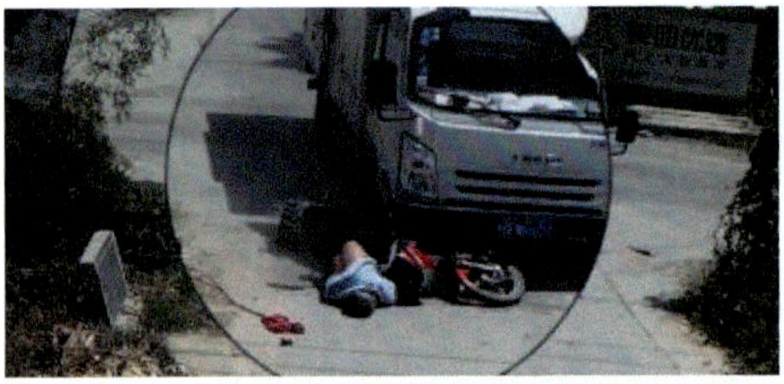

扫码观看事故视频

案例：安全头盔当摆设，两车相撞头受伤

2023 年 4 月 23 日，江西省瑞金市，叶某骑电动自行车搭载着王某行至象湖镇某村路段时，未经观察左转弯，与后方谢某骑行的直行摩托车相撞。叶某、谢某虽然戴了安全头盔但未系扣带，王某未戴头盔，碰撞发生后，三人的脑部均与地面碰撞，造成叶某脑震荡、头皮血肿，王某头皮血肿、多处挫伤，谢某大脑挫裂伤、额骨和顶骨骨折。

扫码观看事故视频

◆ 头盔能够缓冲头部受到的冲击，预防和减轻事故中受到的伤害，是骑乘摩托车时最重要的保护用具。摩托车骑乘人员选择合格的安全头盔并正确佩戴既是法律法规的要求，也是保护自己的重要措施。

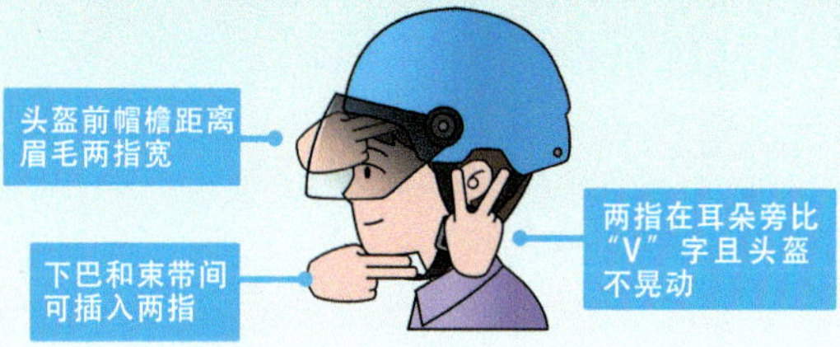

安全头盔的正确佩戴方法

◆ 在有条件的情况下，建议摩托车骑乘人员穿戴护肘、护膝、护背等安全护具。

◆ 长时间骑行会导致血液循环不良，易感到疲劳，在骑行中应根据身体状况适当休息，尽量避免长途骑行。

此外，为了自身安全，骑乘电动自行车时也应全程佩戴好头盔。

安全口诀

骑乘摩托戴头盔，护头防风不吃亏。
牢记全程规范戴，车行千里安全归。

车辆盲区藏危险　主动避让保安全

如果骑行时忽视车辆盲区和内轮差，骑行人很容易被碰撞、碾压，引发恶性事故。

案例：交警一声吼，救下一条命

2021年6月1日，浙江省金华市一路口，一辆大货车右转时将非机动车道内一辆正在等红灯的电动自行车剐倒，电动自行车骑行人被连人带车向前推行了10余米，幸好现场执勤交警看到后大声提醒并拦停大货车，未给骑行人造成严重伤害。

扫码观看事故视频

案例：右转弯“内轮差”惹祸，骑行人被碾压不幸身亡

2020年7月16日，河北省邯郸市肥乡区，李某驾驶重型半挂牵引车沿国道309线行驶至某路口右转弯时，由于存在内轮差，与一辆直行电动自行车发生碰撞，导致骑行人张某被碾压，当场死亡。

扫码观看事故视频

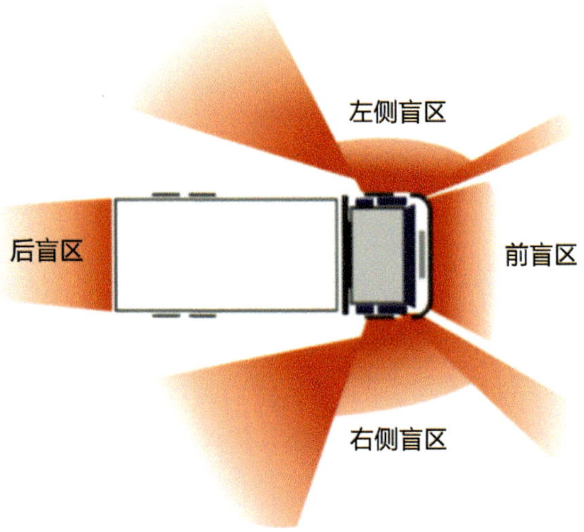

大型车辆的轴距长，转弯时会产生内轮差，如果骑行人处于大型车辆右侧内轮差区域内，被卷进车底的可能性非常大！千万不要认为大型车辆驾驶人会避让自己，他们有可能根本就看不到骑行人。

◆ 骑摩托车或非机动车通过路口时，应注意观察右转的大型车辆，预留安全距离；

◆ 骑行人千万不要在大型车辆的盲区内骑行或等候，千万不要以为身旁大型车辆的前轮没有碰到自己，后轮就一定不会碰到；

◆ 在路口遇到大型车辆转弯时，要注意远离。

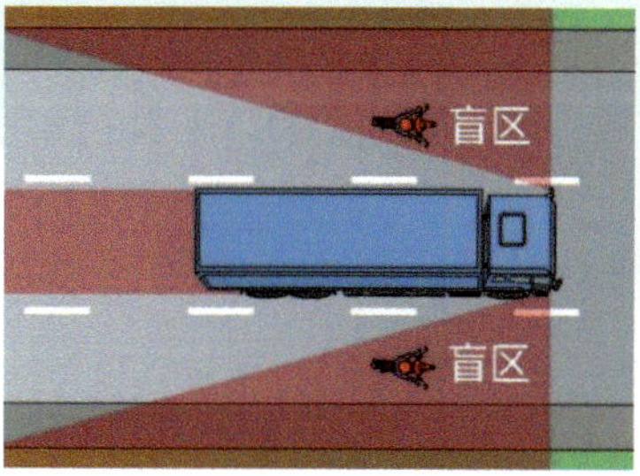

安全口诀

视线盲区要警惕，转弯还有内轮差。
路口远离大货车，知险避险最重要。

驶入主路先观察　高速冲入易遭祸

很多穿村主干公路与乡村小路连接，不规则交叉路口较多，有的路口因树木、房屋等遮挡，不易被主路行驶的车辆驾驶人观察到，骑行人从支路、小路驶上主路时，如果不注意观察、不遵守让行规则，突然冲进主路，极易与主路上行驶的车辆发生碰撞事故。

案例：七旬夫妇骑电动自行车驶入主路未让行，遇交通事故身亡还要负主责

2019 年 8 月 13 日，江西省吉安市安福县，78 岁的吴某骑电动自行车载着老伴从一村道左转弯进入国道 322 线时，与一辆直行的重型半挂车发生碰撞，两位老人经抢救无效死亡。交警调取行车记录仪发现，事发前吴某骑电动自行车突然从左侧道路转弯驶入国道，且未让直行车辆先行，半挂车躲避不及，两车发生碰撞。经认定，吴某骑电动自行车转弯未让直行车辆先行，是造成事故的主要原因，承担主要责任，半挂车驾驶人承担次要责任。

扫码观看事故视频

案例：驶入主路未观察让行，发生碰撞受伤担主责

2022年8月15日，陕西省咸阳市彬州市，李某骑无牌两轮摩托车从彬州市区驶往西堡村，行至国道312线某路口横过公路时，与陈某驾驶的小汽车相撞，导致李某受伤，两车受损。经调查，李某骑摩托车驶入主路时，未让右方道路来车优先通行，负事故主要责任。

扫码观看事故视频

骑摩托车、电动自行车如何安全驶入主路？

- 临近路口提前减速，停在路口外或路肩上，观察主干路上车辆情况；
- 按照“转弯让直行、右转让左转、右方道路来车先行”的原则，确认安全后再驶入主干路；
- 切忌加速“冲坡”或未经观察突然冲进主干路。

安全口诀

通过路口需谨慎，突然冲出吓掉魂。
减速慢行勤观察，文明礼让安全行。

违法载人危害大　发生事故伤亡重

摩托车和电动自行车的稳定性较差，违法载人、超员载人将增大车辆负荷，改变车辆重心，延长车辆制动距离，增加骑行操控难度，甚至导致前轮翘起、转弯困难等险情，严重威胁骑乘人员及周围其他交通参与者的安全。一旦发生交通事故，将加重事故伤亡后果。

案例：三轮摩托车违法载人，滑落山坡致6人死亡

2022 年 3 月 29 日，广西壮族自治区河池市巴马县，韦某驾驶正三轮载货摩托车载着 8 人，由所略乡尚勤村往龙凤村方向行驶，途中车辆驶出路外翻下山坡，造成 6 人死亡、2 人受伤。经调查，韦某醉酒后无证驾驶三轮摩托车、在弯道处操作不当，是造成事故的主要原因，三轮摩托车违法载人加重了事故后果。

扫码观看事故视频

骑摩托车和非机动车载人也应符合规定，不要违法载人、超员载人。

◆ 摩托车应按照核载人数载人，二轮摩托车通常只能载一人，轻便摩托车、正三轮载货摩托车不能载人；

◆ 成年人骑自行车和电动自行车通常可以在固定座椅内载一名 12 周岁以下的儿童，具体以当地法规为准；

◆ 人力客运三轮车应按照核定的人数载人，人力货运三轮车不能在厢斗内载人。

安全口诀

两轮车辆稳定差，超员载人危害大。
载货摩托莫载人，发生事故难回家。

骑行不载超大物　超限载物易肇事

骑摩托车、电动自行车载物有长、宽、高规定，载物超长、超宽、超高会导致车辆行驶稳定性下降，易引发交通事故。

案例：运输超长钢管，伤人要赔偿

2021 年 7 月 23 日，甘肃省甘州区张掖市，高某驾驶正三轮摩托车行驶至西环路化肥厂路段时，与一辆由南向西左转弯行驶的小汽车相撞，导致小汽车驾驶人受伤，两车受损。经调查，正三轮摩托车运输超长钢管，导致两车相会时，钢管破窗而入引发事故。高某因驾驶机动车载物违反装载要求，承担事故全部责任。

扫码观看事故视频

案例：无牌三轮车超长、超宽载物且违法载人，存在隐患

2022 年 9 月 15 日，甘肃省陇南市成县，一辆无牌电动三轮车因超长、超宽载物且违法载人，严重影响自身和其他车辆人员的出行安全，被巡逻交警拦截。最终，电动三轮车被依法暂扣，骑行人被责令当场消除存在的安全隐患，并按规定对车辆进行注册登记。

骑摩托车、电动自行车载物会使车辆惯性增大，制动距离延长，整体重心改变，载物超长、超宽、超高会导致车辆行驶稳定性下降，在行驶中出现左右摇摆甚至车头上翘等情况，导致骑行人失去对车辆的控制，从而引发交通事故。此外，载物超长、超宽会使车辆转弯半径增大，容易碰撞其他车辆、行人。

骑行载物时要考虑车辆负重后的安全性，不要装载超长、超宽、超高的物品：

- 摩托车载物高度不超过 1.5 米，长度不超出车身 0.2 米，载物宽度左右各不超出车把 0.15 米；
- 三轮摩托车载物宽度不超过车身；
- 自行车、电动自行车载物高度不超过 1.5 米，宽度左右各不超出车把 0.15 米，长度前端不超出车轮，后端不超出车身 0.3 米；
- 三轮车载物高度不超过 2 米，宽度左右各不超出车身 0.2 米，长度不超出车身 1 米。

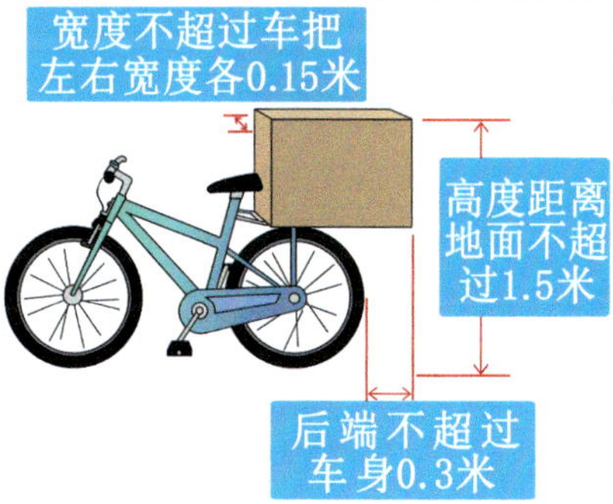

安全口诀

骑车载物有规定，载物上路莫任性。
超长超宽不可取，合理载物平安行。

骑行年龄要合法　盲目自信惹祸端

未成年人的行为控制能力弱，应急反应、协调性等方面都不成熟，对交通知识了解少，骑车上道路时难以严格约束自己的行为，遇到突发事件时难以做出正确判断，潜藏着很多安全隐患。

案例：4名少年共骑摩托车，出事故连人带车“空翻”齐受伤

2020 年 5 月 15 日，河南省南乐县，15 岁的朱某骑一辆无号牌的二轮摩托车，载着另外 3 名不足 16 岁的少年行驶，在与一辆小汽车会车时撞上旁边停放的一辆轻型货车,4 名少年和摩托车瞬间“前空翻”摔倒在地，4 人均受伤。经调查，朱某无证骑无号牌摩托车上道路、违法超员载人是导致事故的主要原因，负主要责任；货车驾驶人临时停车妨碍其他车辆和人员通行，负次要责任。

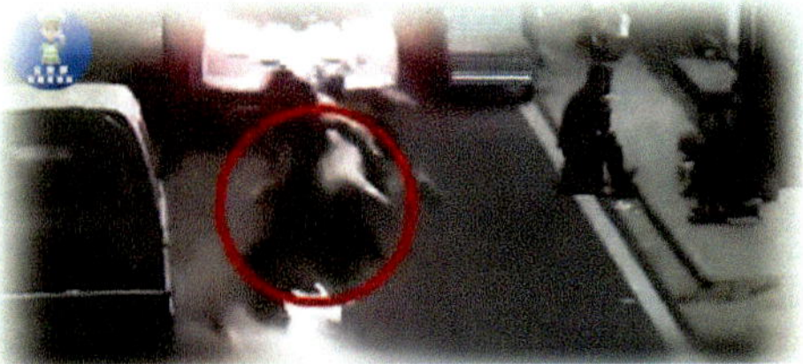

15岁的朱某驾驶无牌二轮摩托，载着另外3名少年（分别为15岁、15岁、14岁）行驶。

扫码观看事故视频

案例：未满16周岁骑电动自行车，肆意横穿道路被撞

2022年5月20日，江西省龙南县，李某驾车行至某交叉路口准备左转时，右侧忽然逆行驶出一辆电动自行车，李某制动不及将其撞倒。李某的行车记录仪视频显示，骑电动自行车的是一名小女孩，不仅未戴头盔，左手还拿着手机。经调查，女孩年龄不足14岁，按法律规定不能骑电动自行车上路。

扫码观看事故视频

骑自行车、电动自行车、摩托车上道路必须达到相应的法定年龄，不可以在道路上练习骑行。

- 骑自行车要≥12周岁；
- 骑电动自行车要≥16周岁；
- 骑摩托车要≥18周岁，且经培训考试取得摩托车驾驶证。

安全口诀

儿童骑车有规定，随意上路不可行。
适龄再骑无须急，具备能力更安全。

逆向骑行不可有　弯道超车酿惨祸

骑行时应遵守交通规则，逆向骑行、弯道超车极易发生事故导致自己受伤甚至死亡。

案例：山区道路骑摩托车逆行，弯道避让不及发生碰撞

2022 年 4 月 21 日，贵州省毕节市，张某骑摩托车沿山区道路弯道逆向行驶时，与一辆正常行驶的小汽车碰撞，张某飞出去摔至地面受伤，两车受损。经调查，张某骑摩托车越过道路中心实线逆行是事故的直接原因。

扫码观看事故视频

案例：骑摩托车强行超车撞栏杆身亡

2022 年 2 月 21 日，浙江省台州市天台县，袁某骑一辆普通二轮摩托车途经省道 323 线天台县寒山湖路段时，在弯道黄实线处强行超越一辆正常行驶的小汽车，与小汽车发生剐蹭，摩托车失控侧翻倒地，袁某因为惯性撞上护栏，经抢救无效死亡。

扫码观看事故视频

摩托车车身小，超车时不易被前车发现，超车时要注意：

◆ 选择平直、宽阔的路段，不要在弯道、坡道、窄路窄桥或有视线盲区的路段超车，不要在没有超车条件的路段占用对向车道超车；

◆ 提前开启左转向灯、鸣喇叭或变换远近光灯提示前后车辆；

◆ 不要在车流中来回穿插行驶，以免发生剐蹭事故或因紧急制动而侧翻。

骑摩托车、非机动车通过弯道时，要降低车速靠道路右侧通行，切勿因路线不熟、贪图方便、节省时间等原因逆行。

安全口诀

骑行千万别逆行，谨慎超车不拼命。
经过弯道要小心，鸣笛闪灯早示警。

骑行切莫闯红灯　引发事故担全责

骑行时心存侥幸或为了赶时间闯红灯是非常危险的，不仅违法，还容易导致自己被正常行驶的车辆碰撞。

案例：电动三轮车闯红灯引发事故，承担全部责任

2022 年 8 月 24 日，河南省安阳县，许某骑电动三轮车由南向北行驶至国道 515 线瓦店乡府前路口时，闯红灯行驶，与杜某骑的由西向东行驶的三轮车发生碰撞，造成杜某受伤。许某骑电动三轮车闯红灯，负事故全部责任。

扫码观看事故视频

案例：骑电动自行车闯红灯被撞飞，受重伤还要负全责

2022 年 6 月 10 日，浙江省临海市，武某骑电动自行车行驶至杜桥镇一处路口，见黄色信号灯已亮起，便加速在红灯亮起时冲进路口。此时一辆小汽车从左侧路口驶来，因躲避不及与之发生猛烈碰撞，武某被撞飞后摔落在地，并滑行 10 余米才停下。万幸吴某不是头部着地，避免了惨痛后果。经认定，武某骑电动自行车闯红灯，负事故全部责任。

扫码观看事故视频

通过有交通信号灯控制的路口时，要严格遵守交通信号灯的指示，不要闯红灯，“宁等三分，不抢一秒”。赶时间不是闯红灯的理由，绿灯还有下一个，而生命只有一次！为了自己和他人的生命安全，千万不可心存侥幸闯红灯。

骑非机动车通过信号灯控制的路口应注意：

- 观察信号灯。路口有非机动车信号灯的，按非机动车信号灯指示通行；没有的，按照机动车信号灯通行。
- 切勿抢灯。遇黄灯亮起时，应当减速停车，停在停止线外，不要抢灯。

此外，在没有信号灯的路口，要注意左右观察，确认安全后再通行。

安全口诀

红灯停，绿灯行，骑车切记要遵循。
抢一时，悔一世，生命只有这一次！

骑行切忌猛转向　随意过街易碰撞

骑行时如果随心所欲，不顾周围其他车辆和行人随意转向，很容易造成后方车辆避让不及，引发交通事故，骑行人将自己置于危险境地的同时，还要承担事故责任。

案例：随意变道过道路，自己受伤还担责

2022年3月26日，山西省忻州市神池县，郭某骑电动自行车行驶至一路口处时，未观察后方来车、未伸手示意，突然向左转弯至机动车道内，后方刘某驾驶的小汽车避让不及与其发生碰撞，电动自行车侧翻，造成郭某受伤。经认定，郭某骑电动自行车转弯前未伸手示意，突然猛拐，是导致事故发生的原因。

扫码观看事故视频

案例：电动自行车路口随意变道抢行，引发事故致1死2伤

2019年1月3日，江苏省无锡市锡山区，谢某骑电动自行车在省道228线黄土塘路路口从非机动车道向左连续变道进入机动车道，并违反交通信号灯横过路口。此时，朱某驾驶装载木材的重型半挂车正在加速“闯黄灯”，见状紧急向左避让导致失控侧翻，车上装载的木材滚落，撞向对向路口一辆小汽车和另外一辆电动自行车，导致被撞击的电动自行车骑行人1人死亡、小汽车驾驶人和电动自行车乘车人共2人受伤。

经查，谢某骑的电动自行车未注册登记、未按规定车道行驶、违反交通信号，要和重型半挂车驾驶人朱某共同承担主要责任。

扫码观看事故视频

骑车要按道骑行，变道前伸手或打开转向灯示意，不要未经观察便突然猛拐，更不要闯红灯通过路口，这是对自己和他人的生命安全负责。

安全口诀

天生灵活不是罪，按道骑行守规则。
同向而行不争抢，自己他人不连累。

骑行精力要集中　分心走神酿事故

骑行时因疏忽大意或盲目自信分心骑行，极易导致车辆失控摔倒、碰撞其他车辆等交通事故。

案例：骑车遇熟人打招呼，分心走神事故来

2021年6月2日，江西省赣州市瑞金市，杨某骑电动自行车遇到熟人，便转头与对方打招呼，导致电动自行车撞倒前方一名靠路边行走的行人，造成行人肋骨骨折，杨某自己摔倒擦伤，负事故全部责任。

扫码观看事故视频

案例：骑车逆行看手机，发生事故负全责

2021年9月20日，安徽省淮南市，12岁的男孩朱某骑电动自行车时低头看手机，导致电动自行车逆行与一辆正常行驶的小汽车相撞，造成朱某受伤、两车受损。经认定，朱某负事故全部责任，其家长需要赔偿全部损失。

扫码观看事故视频

骑车时打电话、看视频、听音乐等行为会导致骑行人注意力分散，遇到紧急情况时，难以迅速做出正确的应对措施，极易导致失控摔倒、追尾其他车辆、驶出路外翻坠等交通事故。

骑摩托车、非机动车时应集中注意力，仔细观察，自觉抵制打电话、发微信、刷短视频等分心骑行行为，以免短暂的分心带来巨大的伤害。

安全口诀

骑车看手机，避险来不及。
你盯着手机，事故盯着你。

争道抢行一瞬间　危险如影随形至

部分骑行人图方便，抛开“各行其道、靠右通行”的原则，任性变道、“见缝插针”，与其他车辆争道抢行，极易引发剐蹭、碰撞事故，“肉包铁”的电动自行车和摩托车安全防护性较差，骑乘人员在交通事故中更容易受伤害。

案例：靠右通行抛脑后，行至半路被撞飞

2022 年 3 月 19 日，西藏自治区日喀则市萨迦县，一男子骑电动自行车行驶至某乡道一处弯道时，遇对面一辆小汽车驶来，慌乱中躲避不及，与小汽车迎面相撞，导致该男子被撞伤。经认定，该男子骑电动自行车在没有施划非机动车道的道路上未靠右通行，小汽车超速行驶，双方承担同等责任。

扫码观看事故视频

案例：驶入机动车道未让行，发生事故担全责

2022 年 6 月 28 日，江西省赣州市龙南县，一辆摩托车从人行道驶入机动车道时，未让车道内的车辆先行，而是从一辆大型半挂货车前斜插进来，由于恰好处于货车驾驶人的视线盲区，导致两车碰撞，幸好货车车速较慢，且碰撞后摩托车向外侧倾倒，未被货车碾压，摩托车上两人仅受轻伤。经调查认定，摩托车骑行人承担事故全部责任。

扫码观看事故视频

◆ 电动自行车应在非机动车道内行驶，在没有非机动车道的道路上，应靠车道右侧通行，同时注意控制车速，避让行人；

◆ 变道、转弯时要减速慢行，提前观察周围情况，确保安全方可通行；

◆ 转弯时不要连续横跨多条机动车道，以免外侧车道的车辆遮挡内侧车道内车辆驾驶人的视线，使其未注意到横过机动车道的电动自行车而发生碰撞事故。

安全口诀

你争我抢互不让，意外袭来多有伤。
车毁财损得不偿，引以为戒时未晚。

单手骑行危险多　“耍酷”瞬间事故来

单手骑行、双手撒把、攀扶机动车骑行既危险又违法，遇紧急情况难以及时应对，易导致自身摔倒受伤或碰撞事故。

案例：单手骑车路口不减速，骑行人半空中翻转360度

2022 年 10 月 23 日，浙江省台州市路桥区，李某骑电动自行车行至金清镇坦头沈村一路口时，遇另一方向有小汽车驶来，由于行经路口未减速，单手骑行的李某无法有效控制电动自行车导致两车发生碰撞，李某在空中翻转 360 度后摔落在地，所幸只受轻伤。

扫码观看事故视频

案例：看似借力，实则“玩命”，险象环生切勿效仿

2020 年 5 月 14 日，广东省清远市英德市，14 岁的刘某在公路上一手握着自行车车把，另一只手拉着大货车车尾借力行驶，险象环生。根据群众举报情况，交警调取路面监控视频，迅速确定了骑行人，并发现他曾多次在公路上攀扶其他车辆的车尾骑行，极其危险。交警与刘某和其家长进行当面谈话，并对刘某的行为进行了批评教育。

扫码观看事故视频

骑行时应正向坐好，双手扶车把靠道路右侧骑行，不要单手扶把甚至双手撒把、扶身并行，不要攀扶机动车。

◆ 骑车时可能因为提物或者雨天撑伞而单手握把，此时骑行人对车辆的控制能力减弱，易失去平衡摔倒或驶入路中与机动车发生碰撞。

◆ 骑行攀扶机动车是非常危险的行为。攀扶时受机动车牵制，一旦机动车的行驶速度、方向发生变化，如不能及时作出应对，会造成骑行人慌乱，导致车辆失控，发生事故。

◆ 如果骑行人双手撒把骑车，遇突发情况很难及时做出反应、采取措施，极易与其他车辆、行人发生碰撞；如果车轮碰到路边的石块等障碍物，易失控摔倒受伤。

安全口诀

路上骑行莫“耍酷”，撒把攀车太糊涂。

一着不慎满盘输，安全平安才是福。

追逐竞驶危害大　一瞬之间祸事来

骑摩托车、非机动车上道路行驶应遵守限速规定，追逐竞驶不仅会因违法受到处罚，严重的可能危及自身和他人的生命安全。

案例：摩托车友组团追逐竞驶，1人撞货车身亡

2024 年 4 月 27 日，浙江省台州市仙居县，9 人通过微信群邀约骑摩托车，为寻求刺激，驾驶摩托车追逐竞驶、频繁穿插变道，并存在闯红灯、严重超速、跨越实线、借用非机动车道超车等交通违法行为。行驶到上张乡田垟陈隧道时，陈某在隧道内跨越实线超车，与对向行驶的货车发生碰撞，经抢救无效死亡。目前，已依法对其余 8 人采取刑事强制措施，其中 4 人刑事拘留，4 人被取保候审。

案例：3名学生骑自行车竞速，2人碰撞受伤

2023 年 2 月 11 日，广东省河源市连平县，唐某、叶某和冯某 3 人结伴骑自行车从南湖花园出发往文化艺术中心方向骑行，骑行至文化艺术中心路段时，3 人竟然在机动车道上相互竞速，甚至跨越到对向车道，由于车速较快，加之操作不当，唐某与叶某发生碰撞，双方均受伤。

三人骑自行车在没有非机动车道的道路上未靠右侧行驶，且并行、互相追逐、曲折竞驶，是导致事故的主要原因，三人在骑行时，未选择佩戴自行车头盔、护膝、护肘等防护工具，是导致受伤较重的另一个原因。

追逐竞驶，通俗来说就是“飙车”，可能是骑行人出于竞技、追求刺激，也可能是因为受其他车辆刺激开“斗气车”。

骑摩托车、自行车、电动自行车追逐竞驶的危害：

- 扰乱正常的交通秩序；
- 危及其他车辆、骑行人、行人的安全；
- 可能因操作不当发生意外，危及自身生命安全；
- 属于交通违法行为，驾驶摩托车在道路上追逐竞驶，情节恶劣的，构成危险驾驶罪，处拘役，并处罚金。

道路不是竞技场，骑摩托车、自行车、电动自行车时，不要追求“速度与激情”，无论在什么道路、无论车流量大小，都不能相互追逐或曲折竞驶，以免因操作不当摔倒受伤或与其他车辆、行人发生交通事故。

安全口诀

公路不是竞技场，追逐竞驶不可行，
飙车炸街隐患大，害人害己“驶”不得。

2025年日历

1月 January

一	二	三	四	五	六	日
		1 元旦	2 初三	3 初四	4 初五	5 小寒
6 初七	7 腊八节	8 三九	9 初十	10 十一	11 十二	12 十三
13 十四	14 十五	15 十六	16 十七	17 四九	18 十九	19 二十
20 大寒	21 廿二	22 北小年	23 南小年	24 廿五	25 廿六	26 五九
27 廿八	28 除夕	29 春节	30 初二	31 初三		

2月 February

一	二	三	四	五	六	日
					1 初四	2 初五
3 立春	4 六九	5 初八	6 初九	7 初十	8 十一	9 十二
10 十三	11 十四	12 元宵节	13 七九	14 十七	15 十八	16 十九
17 二十	18 雨水	19 廿二	20 廿三	21 廿四	22 八九	23 廿六
24 廿七	25 廿八	26 廿九	27 三十	28 二月		

5月 May

一	二	三	四	五	六	日
			1 劳动节	2 初五	3 初六	4 青年节
5 立夏	6 初九	7 初十	8 十一	9 十二	10 十三	11 十四
12 十五	13 十六	14 十七	15 十八	16 十九	17 二十	18 廿一
19 廿二	20 廿三	21 小满	22 廿五	23 廿六	24 廿七	25 廿八
26 廿九	27 五月	28 初二	29 初三	30 初四	31 端午节	

6月 June

一	二	三	四	五	六	日
						1 儿童节
2 初七	3 初八	4 初九	5 芒种	6 十一	7 十二	8 十三
9 十四	10 十五	11 十六	12 十七	13 十八	14 十九	15 二十
16 廿一	17 廿二	18 廿三	19 廿四	20 廿五	21 夏至	22 廿七
23 廿八	24 廿九	25 六月	26 初二	27 初三	28 初四	29 初五
30 初六						

9月 September

一	二	三	四	五	六	日
1 初十	2 十一	3 十二	4 十三	5 十四	6 中元节	7 白露
8 十七	9 十八	10 教师节	11 二十	12 廿一	13 廿二	14 廿三
15 廿四	16 廿五	17 廿六	18 廿七	19 廿八	20 廿九	21 三十
22 八月	23 农丰节	24 初三	25 初四	26 初五	27 初六	28 初七
29 初八	30 初九					

10月 October

一	二	三	四	五	六	日
		1 国庆节	2 十一	3 十二	4 十三	5 十四
6 中秋节	7 十六	8 寒露	9 十八	10 十九	11 二十	12 廿一
13 廿二	14 廿三	15 廿四	16 廿五	17 廿六	18 廿七	19 廿八
20 廿九	21 九月	22 初二	23 霜降	24 初四	25 初五	26 初六
27 初七	28 初八	29 重阳节	30 初十	31 十一		

蛇年大吉

3月 March

一	二	三	四	五	六	日
					1 龙抬头	2 初三
3 九九	4 初五	5 学雷锋	6 初七	7 初八	8 妇女节	9 初十
10 十一	11 十二	12 植树节	13 十四	14 十五	15 消权日	16 十七
17 十八	18 十九	19 二十	20 春分	21 廿二	22 廿三	23 廿四
24 廿五	25 廿六	26 廿七	27 廿八	28 廿九	29 三月	30 初二
31 上巳节						

4月 April

一	二	三	四	五	六	日
	1 初四	2 初五	3 寒食节	4 清明节	5 初八	6 初九
7 初十	8 十一	9 十二	10 十三	11 十四	12 十五	13 十六
14 十七	15 十八	16 十九	17 二十	18 廿一	19 廿二	20 廿三
21 廿四	22 廿五	23 廿六	24 廿七	25 廿八	26 廿九	27 三十
28 四月	29 初二	30 初三				

7月 July

一	二	三	四	五	六	日
	1 建党节	2 初八	3 初九	4 初十	5 十一	6 十二
7 小暑	8 十四	9 十五	10 十六	11 十七	12 十八	13 十九
14 二十	15 廿一	16 廿二	17 廿三	18 廿四	19 廿五	20 初伏
21 廿七	22 大暑	23 廿九	24 三十	25 闰六月	26 初二	27 初三
28 初四	29 初五	30 中伏	31 初七			

8月 August

一	二	三	四	五	六	日
				1 建军节	2 初九	3 初十
4 十一	5 十二	6 十三	7 立秋	8 十五	9 末伏	10 十七
11 十八	12 十九	13 二十	14 廿一	15 廿二	16 廿三	17 廿四
18 廿五	19 出伏	20 廿七	21 廿八	22 廿九	23 处暑	24 初二
25 初三	26 初四	27 初五	28 初六	29 七夕节	30 初八	31 初九

11月 November

一	二	三	四	五	六	日
					1 十二	2 十三
3 十四	4 十五	5 十六	6 十七	7 立冬	8 十九	9 消防日
10 廿一	11 廿二	12 廿三	13 廿四	14 廿五	15 廿六	16 廿七
17 廿八	18 廿九	19 三十	20 寒衣节	21 初二	22 小雪	23 初四
24 初五	25 初六	26 初七	27 初八	28 初九	29 初十	30 十一

12月 December

一	二	三	四	五	六	日
1 十二	2 全国交通安全日	3 十四	4 下元节	5 十六	6 十七	7 大雪
8 十九	9 二十	10 廿一	11 廿二	12 廿三	13 公祭日	14 廿五
15 廿六	16 廿七	17 廿八	18 廿九	19 三十	20 十一月	21 冬至
22 初三	23 初四	24 初五	25 初六	26 初七	27 初八	28 初九
29 初十	30 二九	31 十二				

2026年日历

1月 January

一	二	三	四	五	六	日
			1 元旦	2 十四	3 十五	4 十六
5 小寒	6 十八	7 十九	8 三九	9 廿一	10 廿二	11 廿三
12 廿四	13 廿五	14 廿六	15 廿七	16 廿八	17 四九	18 三十
19 腊月	20 大寒	21 初三	22 初四	23 初五	24 初六	25 初七
26 腊八节	27 初九	28 初十	29 十一	30 十二	31 十三	

2月 February

一	二	三	四	五	六	日
						1 十四
2 十五	3 十六	4 六九	5 十八	6 十九	7 二十	8 廿一
9 廿二	10 北小年	11 南小年	12 廿五	13 七九	14 廿七	15 廿八
16 除夕	17 春节	18 雨水	19 初三	20 初四	21 初五	22 八九
23 初七	24 初八	25 初九	26 初十	27 十一	28 十二	

5月 May

一	二	三	四	五	六	日
				1 劳动节	2 十六	3 十七
4 青年节	5 立夏	6 二十	7 廿一	8 廿二	9 廿三	10 廿四
11 廿五	12 廿六	13 廿七	14 廿八	15 廿九	16 三十	17 四月
18 初二	19 初三	20 初四	21 小满	22 初六	23 初七	24 初八
25 初九	26 初十	27 十一	28 十二	29 十三	30 十四	31 十五

6月 June

一	二	三	四	五	六	日
1 儿童节	2 十七	3 十八	4 十九	5 芒种	6 廿一	7 廿二
8 廿三	9 廿四	10 廿五	11 廿六	12 廿七	13 廿八	14 廿九
15 五月	16 初二	17 初三	18 初四	19 端午节	20 初六	21 初七
22 初八	23 初九	24 初十	25 十一	26 十二	27 十三	28 十四
29 十五	30 十六					

9月 September

一	二	三	四	五	六	日
	1 二十	2 廿一	3 廿二	4 廿三	5 廿四	6 廿五
7 白露	8 廿七	9 廿八	10 教师节	11 八月	12 初二	13 初三
14 初四	15 初五	16 初六	17 初七	18 初八	19 初九	20 初十
21 十一	22 十二	23 农丰节	24 十四	25 中秋节	26 十六	27 十七
28 十八	29 十九	30 二十				

10月 October

一	二	三	四	五	六	日
			1 国庆节	2 廿二	3 廿三	4 廿四
5 廿五	6 廿六	7 廿七	8 寒露	9 廿九	10 九月	11 初二
12 初三	13 初四	14 初五	15 初六	16 初七	17 初八	18 重阳节
19 初十	20 十一	21 十二	22 十三	23 霜降	24 十五	25 十六
26 十七	27 十八	28 十九	29 二十	30 廿一	31 廿二	

马年大吉

3月 March

一	二	三	四	五	六	日
						1 十三
2 十四	3 元宵节	4 十六	5 学雷锋	6 十八	7 十九	8 妇女节
9 廿一	10 廿二	11 廿三	12 植树节	13 廿五	14 廿六	15 消权日
16 廿八	17 廿九	18 三十	19 二月	20 龙抬头	21 初三	22 初四
23 初五	24 初六	25 初七	26 初八	27 初九	28 初十	29 十一
30 十二	31 十三					

4月 April

一	二	三	四	五	六	日
		1 十四	2 十五	3 十六	4 寒食节	5 清明节
6 十九	7 二十	8 廿一	9 廿二	10 廿三	11 廿四	12 廿五
13 廿六	14 廿七	15 廿八	16 廿九	17 三月	18 初二	19 上巳节
20 谷雨	21 初五	22 初六	23 初七	24 初八	25 初九	26 初十
27 十一	28 十二	29 十三	30 十四			

7月 July

一	二	三	四	五	六	日
		1 建党节	2 十八	3 十九	4 二十	5 廿一
6 廿二	7 小暑	8 廿四	9 廿五	10 廿六	11 廿七	12 廿八
13 廿九	14 六月	15 初伏	16 初三	17 初四	18 初五	19 初六
20 初七	21 初八	22 初九	23 大暑	24 十一	25 中伏	26 十三
27 十四	28 十五	29 十六	30 十七	31 十八		

8月 August

一	二	三	四	五	六	日
					1 建军节	2 二十
3 廿一	4 廿二	5 廿三	6 廿四	7 立秋	8 廿六	9 廿七
10 廿八	11 廿九	12 三十	13 七月	14 末伏	15 初三	16 初四
17 初五	18 初六	19 七夕节	20 初八	21 初九	22 初十	23 处暑
24 出伏	25 十三	26 十四	27 中元节	28 十六	29 十七	30 十八
31 十九						

11月 November

一	二	三	四	五	六	日
						1 廿三
2 廿四	3 廿五	4 廿六	5 廿七	6 廿八	7 立冬	8 三十
9 寒衣节	10 初二	11 初三	12 初四	13 初五	14 初六	15 初七
16 初八	17 初九	18 初十	19 十一	20 十二	21 十三	22 小雪
23 下元节	24 十六	25 十七	26 十八	27 十九	28 二十	29 廿一
30 廿二						

12月 December

一	二	三	四	五	六	日
	1 廿三	2 全国交通安全日	3 廿五	4 廿六	5 廿七	6 廿八
7 大雪	8 三十	9 十一月	10 初二	11 初三	12 初四	13 公祭日
14 初六	15 初七	16 初八	17 初九	18 初十	19 十一	20 十二
21 十三	22 冬至	23 十五	24 十六	25 十七	26 十八	27 十九
28 二十	29 廿一	30 廿二	31 二九			

2027年日历

1月 January

一	二	三	四	五	六	日
				1 元旦	2 廿五	3 廿六
4 廿七	5 小寒	6 廿九	7 三十	8 腊月	9 三九	10 初三
11 初四	12 初五	13 初六	14 初七	15 腊八节	16 初九	17 初十
18 四九	19 十二	20 大寒	21 十四	22 十五	23 十六	24 十七
25 十八	26 十九	27 五九	28 廿一	29 廿二	30 北小年	31 南小年

2月 February

一	二	三	四	五	六	日
1 廿五	2 廿六	3 廿七	4 立春	5 除夕	6 春节	7 初二
8 初三	9 初四	10 初五	11 初六	12 初七	13 初八	14 初九
15 初十	16 十一	17 十二	18 十三	19 雨水	20 元宵节	21 十六
22 十七	23 八九	24 十九	25 二十	26 廿一	27 廿二	28 廿三

5月 May

一	二	三	四	五	六	日
					1 劳动节	2 廿六
3 廿七	4 青年节	5 廿九	6 立夏	7 初二	8 初三	9 初四
10 初五	11 初六	12 初七	13 初八	14 初九	15 初十	16 十一
17 十二	18 十三	19 十四	20 十五	21 小满	22 十七	23 十八
24 十九	25 二十	26 廿一	27 廿二	28 廿三	29 廿四	30 廿五
31 廿六						

6月 June

一	二	三	四	五	六	日
	1 儿童节	2 廿八	3 廿九	4 三十	5 五月	6 芒种
7 初三	8 初四	9 端午节	10 初六	11 初七	12 初八	13 初九
14 初十	15 十一	16 十二	17 十三	18 十四	19 十五	20 十六
21 夏至	22 十八	23 十九	24 二十	25 廿一	26 廿二	27 廿三
28 廿四	29 廿五	30 廿六				

9月 September

一	二	三	四	五	六	日
		1 八月	2 初二	3 初三	4 初四	5 初五
6 初六	7 初七	8 白露	9 初九	10 教师节	11 十一	12 十二
13 十三	14 十四	15 中秋节	16 十六	17 十七	18 十八	19 十九
20 二十	21 廿一	22 廿二	23 农丰节	24 廿四	25 廿五	26 廿六
27 廿七	28 廿八	29 廿九	30 九月			

10月 October

一	二	三	四	五	六	日
				1 国庆节	2 初三	3 初四
4 初五	5 初六	6 初七	7 初八	8 重阳节	9 初十	10 十一
11 十二	12 十三	13 十四	14 十五	15 十六	16 十七	17 十八
18 十九	19 二十	20 廿一	21 廿二	22 廿三	23 霜降	24 廿五
25 廿六	26 廿七	27 廿八	28 廿九	29 寒衣节	30 初二	31 初三

羊年大吉

3月 March

一	二	三	四	五	六	日
1 廿四	2 廿五	3 廿六	4 九九	5 学雷锋	6 惊蛰	7 三十
8 二月	9 龙抬头	10 初三	11 初四	12 植树节	13 初六	14 初七
15 消权日	16 初九	17 初十	18 十一	19 十二	20 十三	21 春分
22 十五	23 十六	24 十七	25 十八	26 十九	27 二十	28 廿一
29 廿二	30 廿三	31 廿四				

4月 April

一	二	三	四	五	六	日
			1 廿五	2 廿六	3 廿七	4 寒食节
5 清明节	6 三十	7 三月	8 初二	9 上巳节	10 初四	11 初五
12 初六	13 初七	14 初八	15 初九	16 初十	17 十一	18 十二
19 十三	20 谷雨	21 十五	22 十六	23 十七	24 十八	25 十九
26 二十	27 廿一	28 廿二	29 廿三	30 廿四		

7月 July

一	二	三	四	五	六	日
			1 建党节	2 廿八	3 廿九	4 六月
5 初二	6 初三	7 小暑	8 初五	9 初六	10 初七	11 初八
12 初九	13 初十	14 十一	15 十二	16 十三	17 十四	18 十五
19 十六	20 初伏	21 十八	22 十九	23 大暑	24 廿一	25 廿二
26 廿三	27 廿四	28 廿五	29 廿六	30 中伏	31 廿八	

8月 August

一	二	三	四	五	六	日
						1 建军节
2 七月	3 初二	4 初三	5 初四	6 初五	7 初六	8 七夕节
9 末伏	10 初九	11 初十	12 十一	13 十二	14 十三	15 十四
16 中元节	17 十六	18 十七	19 出伏	20 十九	21 二十	22 廿一
23 处暑	24 廿三	25 廿四	26 廿五	27 廿六	28 廿七	29 廿八
30 廿九	31 三十					

11月 November

一	二	三	四	五	六	日
1 初四	2 初五	3 初六	4 初七	5 初八	6 初九	7 立冬
8 十一	9 消防日	10 十三	11 十四	12 下元节	13 十六	14 十七
15 十八	16 十九	17 二十	18 廿一	19 廿二	20 廿三	21 廿四
22 小雪	23 廿六	24 廿七	25 廿八	26 廿九	27 三十	28 十一月
29 初二	30 初三					

12月 December

一	二	三	四	五	六	日
		1 初四	2 全国交通安全日	3 初六	4 初七	5 初八
6 初九	7 大雪	8 十一	9 十二	10 十三	11 十四	12 十五
13 公祭日	14 十七	15 十八	16 十九	17 二十	18 廿一	19 廿二
20 廿三	21 廿四	22 冬至	23 廿六	24 廿七	25 廿八	26 廿九
27 三十	28 腊月	29 初二	30 初三	31 二九		

责任编辑：屈闻聪

封面设计：房　彬

官方微店　　官方微信公众号

ISBN 978-7-114-18800-8

定价：15.00元

公路施工安全教育系列丛书——工种安全操作
本书为《公路施工安全视频教程》配套用书

起重机械操作工
安全操作手册

广东省交通运输厅 组织编写
广东省南粤交通投资建设有限公司
中铁隧道局集团有限公司 主编

人民交通出版社股份有限公司
China Communications Press Co.,Ltd.